W0205841

Hans Funk
Bad Waldsee

TAGE ANDERSEN
Neue florale Inszenierungen

Text
TAGE ANDERSEN

Fotos
BENT REJ

Gestaltung
FROM & CO.

Gerstenberg Verlag

Tage Andersen ist ein einzigartiger, äußerst kreativer Künstler. Er ist einerseits Realist, und andererseits gelingt es ihm, einen Traum zu leben – einen Traum, gesponnen aus seiner leidenschaftlichen Liebe zu den Dingen der Natur. Sie machen ihn zu dem, was er ist, und er benutzt sie so, wie er es für richtig erachtet. Seine Arbeiten enthüllen die an der Oberfläche nicht sichtbare, verborgene Natur der Dinge.

In der floralen Kunst muß der Künstler frisches Pflanzenmaterial innerhalb kurzer Zeit in etwas völlig anderes verwandeln. Der Prozeß des »Arrangierens« steckt voll zufälliger und improvisierender Elemente. Durch diese kreative Leistung gelingt es dem Künstler, die Natur seinen Absichten anzupassen, aus dem Zufälligen das für ihn Zwingende zu machen. Jeder Schritt wird vom Willen des Künstlers und von seiner Stimmung geleitet. Sind die Blumen arrangiert, gehören sie dem Künstler, hören sie auf, nur Blumen zu sein, das heißt, sie sind in etwas Abstraktes verwandelt worden. Tage Andersen hat erkannt, daß es nicht Aufgabe des Floristen ist, die Natur zu verbessern, denn sie ist schon vollkommen. Mit seiner Kreativität schafft er es vielmehr, die Materialien der Natur in neuem Licht erscheinen zu lassen. Als Blumenkünstler verbindet er Talent und Persönlichkeit mit handwerklichem Können sowie tiefem Respekt vor dem Leben der Pflanzen und großer Sensibilität für ihre jeweilige Eigenart. Er läßt sie mit dem Wechsel der Jahreszeiten Revue passieren – wobei Tage, nebenbei gesagt, für mich eigentlich ein Mann des Herbstes ist, jenes Kulminationspunktes, an dem alles, was wächst, sich am üppigsten präsentiert und die Bäume, unmittelbar bevor sie sich entkleiden, in Farben explodieren. Zwischen all den Menschen, die unter dem Druck der allgemeinen Kommerzialisierung das Gefühl für den Rhythmus der Natur verloren haben, steht er wie ein Fels in der Brandung.

Tage Andersen ist ein Mann der Bühne, er kombiniert Materialien, Proportionen und Farben, um eine perfekte Atmosphäre zu schaffen. Blumen sind bei diesem Vorgang nur eines von vielen Elementen, sie fügen sich mit Möbeln, Lampen, Gläsern, Vasen, Körben und anderen Gefäßen, Tafelgeschirr, Glaspavillons, Volieren und Textilien zu einem Ganzen. Andersens Inszenierungen sind mal exzentrisch und luxuriös bis hin zur Dekadenz, mal voll theatralischer Elemente. Seine Welt wirkt auf den Besucher und Betrachter wie ein magisches, märchenhaftes Universum. Sie ist ein überwältigendes Erlebnis für die Sinne seiner Gäste und Kunden, die sich bei ihm zu einem Cocktail aus Poesie, singenden Vögeln, plätschernden Bächen, Blumen, Blättern, Düften, Früchten und Licht einfinden. Und all dies in schönster Harmonie!

Tage Andersen produziert ein geradezu magisches Gefühl für Schönheit und löst dabei den Gegensatz zwischen Leben und Tod, Stabilität und Unruhe, Licht und Dunkel auf. So verwandelt sich Metall, dieses so harte, beinahe brutale Material, in seinen Händen in etwas Weiches, Empfindsames. Er ist ebenso in der Lage, eine üppige Herbst- oder eine märchenhafte Weihnachtsstimmung zu zaubern wie die Poesie des erwachenden Frühlings wiederzugeben.

Seine Farbkompositionen beruhigen die Sinne und schaffen eine typisch nordische, fast andächtige Stimmung. Perfektion und Beständigkeit sind seine Markenzeichen. Würde in seinen Träumen eine Kamera auftauchen und ein Bild machen, es wäre sicher wunderbar!

Der Einfluß seiner Arbeiten auf andere Floristikkünstler ist unbestreitbar; welches Ausmaß seine Wirkung hat, ist jedoch schwer zu beurteilen.

Bei alledem ist Tage sensibel und warmherzig, achtet er Menschen, Tiere und Pflanzen. Einmal hat er mir einen Vogel geschenkt, und ich werde nie vergessen, wie das Tier sich von ihm verabschiedet hat.

Tage hatte einen schönen Traum, den er leben wollte. Wo sonst, wenn nicht in Kopenhagen, konnte dieser Traum Wirklichkeit werden, in der Stadt jenes anderen Andersen – Hans Christian.

Mein Freund, auch wenn es manchmal schwer ist – mögen deine Träume auch weiterhin in Erfüllung gehen!

Sint Niklaas, Januar 1998
Daniël Ost

TAGE ANDERSEN
Ny Adelgade Nr. 12
1104 Kopenhagen K., Dänemark
Tel. 00 45 / 33 93 09 13 · Fax oo 45 / 33 93 21 13
www.tage-andersen.com

Die Deutsche Bibliothek – CIP-Einheitsaufnahme

Tage Andersen – neue florale Inszenierungen / Text Tage Andersen.
Fotos Bent Rej. [Aus dem Dän. übers. von Regine Elsässer]. –
Hildesheim : Gerstenberg, 1998
Einheitssacht.: Tage Andersen <dt.> Teilausg.
ISBN 3-8067-2843-7

Aus dem Dänischen übersetzt von Regine Elsässer

Die Originalausgabe erschien unter dem Titel *Tage Andersen II. Blomsterkunst. Interior, Eksterior 1998* bei Borgens Forlag A/S, Valbygaardsvej 33, DK – 2500 Kopenhagen-Valby.
Copyright © 1998 Text und Layout Tage Andersen
Copyright © 1998 Fotos Bent Rej
Künstlerische Gestaltung: Tage Andersen
Vorwort: Daniël Ost
Repro: SP2 A/S
Druck: From & Co. A/S
Papier: Consort Royal Silk
Buchbinder: Nordisk Bogproduktion A/S
Alle Rechte vorbehalten

Deutsche Ausgabe Copyright © 1998 Gerstenberg Verlag, Hildesheim
Alle deutschen Rechte vorbehalten
Satz: O & S Satz GmbH, Hildesheim
Printed in Denmark
ISBN 3-8067-2843-7

Weitere Fotografen:
Christoffer Aschmann: Seite 98–118, ausgenommen Seite 112
Stuart McIntyre: Seite 10, 12
Richart Lintelmann: Seite 121 unten
Lennard: Seite 122
Claus Møller: Seite 124 unten

Das Buch zeigt die Arbeiten eines Künstlers, der in engstem Kontakt mit dem lebt, was er tut. Es erzählt in Bildern und wird begleitet von Worten.

Einige der Werke und Objekte, die in diesem Buch präsentiert werden, sind Auftragsarbeiten, andere entstanden für Ausstellungen im In- und Ausland oder für die ständige Kopenhagener Ausstellung im Haus in der Ny Adelgade. Das Haus kann man als Galerie, als Museum oder als Geschäft betrachten, je nachdem, mit welcher Absicht man es betritt. Einzelne Arrangements sind auch eigens für dieses Buch geschaffen worden.

Es unterscheidet sich in mancherlei Hinsicht von *Florale Kunst und neues Raumgefühl* (Gerstenberg Verlag, 1995), Andersens erstem Buch, in dem Leben und Werk des Künstlers über einen Zeitraum von 15 Jahren beleuchtet wurden. Damals lag der Schwerpunkt auf der Person des Künstlers, und die Texte stammten überwiegend von der Schriftstellerin Aase Holm. Dieses Mal hat der Künstler selbst den gesamten Text verfaßt.

Das Buch ist in Kapitel aufgeteilt, in denen ich, Tage Andersen, versuchen möchte, nicht nur die Gegenstände zu beschreiben, sondern vor allem die Stimmungen zu vermitteln, die in den jeweiligen Arbeitssituationen herrschten. Eine Stimmung zu erzielen ist für mich beinahe das Wichtigste. Interieurs, florale Kunst und Exterieurs machen einen großen Teil meines Lebens aus und sind fast nicht voneinander zu trennen, sie bilden ein Ganzes.

Schöpferisches Arbeiten ist meine größte Freude im Leben. Ist eine Idee da und kommt die Inspiration hinzu, dann beginnt für mich das Schönste – der eigentliche schöpferische Prozeß. Dabei ist die Art des verwendeten Materials eher nebensächlich.

Ich empfinde es als ein großes Glück, Dinge mit den eigenen Händen erschaffen und dabei improvisieren zu können. Und nicht weniger glücklich bin ich, wenn ich sehe, wie meine Zeichnungen und Entwürfe von den tüchtigen Menschen, die hinter meinen Arbeiten stehen, ausgeführt werden. Nicht nur darüber, daß daraus etwas entsteht, sondern daß es auch genau so wird, wie ich es mir vorgestellt habe. Ich arbeite sehr gut mit meinen engsten Mitarbeitern und Lieferanten zusammen, bin aber gerne selbst anwesend, wenn die Objekte entstehen.

Eine Situation wie die folgende bietet mancherlei Anlaß für Aufregung: Früher Morgen, es ist schon heiß, die Stadt fast leer, im ganzen Haus herrscht eine geschäftige Atmosphäre. Alles muß noch einmal geprüft werden, ehe die Besucher oder Kunden kommen. Es ist nicht einfach, die relativ wenigen Quadratmeter Ausstellungsfläche in einem präsentablen Zustand zu halten und den Eindruck zu bewahren, den die meisten Menschen, die einmal hier waren, mit einem kleinen Paradies vergleichen. Die sommerliche Hitze und die vielen offenen Fenster zum Hof hin schaffen ein eher unerwünschtes Stimmungsgemisch. Die frei umherfliegenden exotischen Vögel wissen nicht so recht etwas mit sich anzufangen. Und die vier Hunde im Haus sollten möglichst nicht zu hören sein.

Die Märchenstimmung kann dann plötzlich in Hektik und Aufregung umschlagen. Dann herrscht Leben, das Leben, das man meistens liebt, aber bisweilen auch verflucht. Es gibt Augenblicke, in denen man die ganze Menagerie am liebsten in größere Weiten versetzen möchte, dorthin, wo der Horizont sehr fern ist.

Eine meine jährlichen Ausstellungen – im schwedischen Vänersborg – wird gerade vorbereitet, sie soll in einem Monat eröffnet werden. Einige Eindrücke von dort werden sich in diesem Buch wiederfinden.

Meine Freude am schöpferischen Arbeiten versiegt hoffentlich nie, noch immer gibt es unbegrenzte Möglichkeiten. Und zum Glück zeigt sich ständig und täglich etwas Neues. Was dabei hilft, das Neue überhaupt wahrzunehmen, ist meine angeborene Fähigkeit, im Kleinen das Große, alles mit allem verbunden zu sehen.

Oben: Die Arrangements müssen leben, auch wenn sie in Reih und Glied stehen. Traubenhyazinthen in Kupfertüten, ein Neujahrsgruß.

Rechts: Das Bild zeigt einen ganz einzigartigen, mit Blättern belegten Konsoltisch, der mehr zum Anschauen als zum Gebrauch gedacht ist.

Oft erklingt Opernmusik, wenn man das Haus in der Ny Adelgade betritt. Der Kunde oder Besucher erlebt ein perfekt inszeniertes Gesamtkunstwerk. Die Atmosphäre ist bewußt nicht kommerziell. Alles ist so arrangiert, als fände jeden Moment eine Vernissage statt. So entsteht eine gewisse Feierlichkeit, und das einzig Zufällige scheint das Zwitschern der Vögel zu sein.

Die Ausstellung zeigt jeweils das neueste Interieur oder das, was mich gerade am meisten beschäftigt. Meine größte Freude ist es, täglich von all den selbst ausgesuchten Dingen umgeben zu sein und das Haus zum Leben erweckt zu haben.

Die *Fritillaria* (Schachbrettblume) hat mich wegen ihres Musters und ihrer Farben häufig inspiriert und gehört daher zu meinen Lieblingsblumen.

Oben: *Fritillaria* auf einem Portal aus abgestorbenen Bäumen.

Rechts: Die Konsoltische an den Wänden mit den dazugehörigen Stühlen – gleichzeitig das Motiv des Schutzumschlags – haben ebenfalls die Farbe der *Fritillaria*. Es sind meine ersten Möbelstücke aus Holz.

Oben und links: Der Tisch, hier aus bemaltem Holz, wurde für eine Orchideenausstellung in Tokio konzipiert. Für die Bemalung haben Vanda-Orchideen Modell gestanden. Die gewebte »Magnolien-Gardine« mit Schattenwirkung ist ein typisches Beispiel für meine Art zu arbeiten.

Rechts: Die Champagnervasen mit Iris sind aus versilbertem und oxydiertem Kupfer.

Links: Mehrere gleichartige Vasen in einer Reihe, eine Idee, die ich oft umsetze. Die Vasen bilden eine »Hecke« oder Gruppe für ein Gesamtarrangement, hier *Thalictrum* (Wiesenraute) und Zittergras.

Oben: Die Marmortröge an der Wand symbolisieren den Winter und verbreiten eine beinahe gedrückte Stimmung. Demgegenüber strahlt der Strauß im Zinkpokal auf dem Tisch Frühlingsfreude aus.

Ein Winterbild: Wachs-, Marzipan- und Eisenfrüchte auf einem Teller.

Zittergras, arrangiert, als es noch grün war.

Ein Oktoberbild: die märchenhafte *Stapelia* in voller Blüte. Das eiförmige Gebilde ist eine Jerichorose.

Skulpturale Bäume aus Efeu, hier eckig, gehören seit vielen Jahren zum Winterprogramm für Januar/Februar.

Ein nächtliches Märchen: Die Schnecken habe ich vor vielen Jahren zusammen mit dem Glaskünstler Michael Bang geschaffen.

Schachteln mit *Myosotis* (Vergißmeinnicht) sind seit zwanzig Jahren eine unserer Spezialitäten, sie gehören fest zu unserem Sortiment.

Myosotis (Vergißmeinnicht) in einem geflochtenen Eisenkorb.
Ein typisches Arrangement in der ständigen Ausstellung.

Ebenso beliebt sind die Nester, hier mit Magnolie und Efeu.
Auf den Eiern ist ein gemaltes Muster zu erkennen.

Diese Doppelseite zeigt Gefäße, die auf verschiedenste Weise bearbeitet oder dekoriert wurden. Manche sind streng skulptural wie auf der rechten Seite – das Kissenmoos in einer geflochtenen Eisenurne wirkt fast wie ein Gobelin. Das Bild oben zeigt einen meiner Klassiker, den »Empirevasenkorb«, ein Eisengeflecht mit Terrakottaeinsatz, Birkenreisig und Waldmeisterkränzen. Stiefmütterchen schauen neugierig heraus.

Oben: Solche durchbrochenen Urnen zeige ich in immer neuen Varianten. Diese wurde mit *Exacum* (Blaues Lieschen) bepflanzt.

Die rechte Seite zeigt drei ganz unterschiedliche Arrangements, die für eine Ausstellung in Malmö entstanden sind.

Oben: Meerrettichblätter auf Weidengestell.

Mitte: Urnen mit Moos und Farnen.

Unten: Gruppe von geflochtenen Vasen mit Kallas und Weide.

Folgende Doppelseite: Arrangements auf Blumentischchen aus Eisen und bemaltem Beton, Serie von elf Exemplaren (1994).

Stühle haben mich schon immer fasziniert.

Oben: Diese sind nur zum Anschauen, sie bestehen aus Efeu und *Muehlenbeckia*.

Rechts: Stuhl aus knotigen Pappelzweigen aus Südfrankreich.

Links: Ein Tafelaufsatz mit *Hedera* (Efeu) und *Muscari* (Traubenhyazinthen).

Folgende Seite: Diese Stühle eignen sich auch zum Sitzen.

Ein Juweliersalon. Darin mein »Neorokoko«-Stuhl mit Polstern aus Ziegenleder.

In einem Büro, in dem einige Palmen das warme, trockene Klima nicht überstanden haben, konnte ich ihnen zu neuem Leben verhelfen – die Blätter sind aus Metall.

Das Restaurant Kommandanten, das ich 1988 einrichten durfte, ist noch immer mein Lieblingskind, auch weil es direkt gegenüber von unserem Haus liegt. Blumenschmuck und Wanddekorationen verändern sich im Rhythmus der Jahreszeiten. Das obere Bild zeigt die Dekoration »Der Herbst«, eine geflochtene Collage. Kommandanten wurde 1997 mit zwei Sternen im *Guide Michelin* ausgezeichnet.

Oben: Man muß schließlich leben – und am liebsten gut. Mein Lieblingsort zur Erholung ist das Restaurant Falsled Kro auf Fünen. Die Küche ist ausgezeichnet, und die Räume sind mit meinen häufig wechselnden Dekorationen geschmückt.

Unten links: Die Hähne bestehen aus Moos, das auf Stahlgestelle drapiert wurde.

Unten rechts: Die mit Flechten geschmückten Körbe werden vom Chef des Hauses, Jean-Louis Leffroy, täglich mit Blumen gefüllt.

Vorhergehende und diese Doppelseite: Glas liegt mir sehr am Herzen. Ich habe immer wieder Ideen für Gefäße aus Glas, die oft auch aus der Not geboren sind. Hier das Ergebnis der fruchtbaren Zusammenarbeit mit den Glaskünstlern Anja Kjær und Darryle Hinz. Das Champagnerglas hat Darryles »Neptun-Fuß« und meinen Kelch. Es wurde 1987 zum ersten Mal in einer Stückzahl von dreihundert Exemplaren hergestellt; 1997 wurden noch einmal zweihundert produziert. Der Glaskrug ist eine Novität, dessen Vorbild die eleganten Glaskrüge früherer Zeiten sind. Er kann ebensogut mit Blumen wie mit Wein oder Wasser gefüllt werden.

Wer das Leben liebt und das, woran er arbeitet, auch diejenigen, für die er arbeitet, widmet sich einer Aufgabe voll und ganz. Das auf den folgenden Seiten gezeigte Projekt, das Einrichten eines Hauses – oder sollte ich sagen: die Bearbeitung und Veränderung dessen, was war, zu dem, was jetzt ist –, ist eine jener Aufgaben, die mich ganz und gar fordern. Ich habe mich damit weit über das übliche Maß hinaus identifiziert. Mich in eine Aufgabe einfühlen zu können ist wichtig für mich, aber in hohem Maße ausschlaggebend für meine Zufriedenheit ist natürlich auch die Reaktion auf meine Arbeit. Dieses Projekt beschäftigt mich schon eine Reihe von Jahren, die Dinge haben sich setzen und an Ort und Stelle Patina annehmen können. Das Haus ist klein und hat viele Zimmer, hin und wieder wurde etwas angebaut. Das Dach ist mit Grassoden gedeckt, alles ist vom Stil her bewußt unprätentiös.

Bei diesem Projekt stammen nur wenige Möbel aus »meiner« Produktion. Manchmal bestand mein Anteil darin, die Werke anderer zu bearbeiten, eine Aufgabe, die ich inzwischen sehr schätze. Das Haus wird nur zeitweise bewohnt, meist im Sommer.

Rechts: Der Fotograf Bent Rej wirft seinen künstlerischen Blick auf ein Detail.

Folgende Doppelseite: Eine neu hinzugekommene, überdachte Terrasse. Die Bank zum Garten hin hat so persönlich gestaltete Rückenlehnen, daß man sich am Tisch nie allein fühlt. Vögel und Vogelmotive spielen bei diesem Projekt eine große Rolle.

SSIC ROSES
THE GUINNESS BOOK OF G

Oben: Mit Hilfe von Stufen wurden Wohnraum und Terrasse geschickt miteinander verbunden. Als Farben habe ich Chartreusegelb und Dunkelblau gewählt, eine Kombination, mit der ich eine leicht exotische Anmutung erreiche.

Unten: Die Büsche und Bäume des Gartens wurden in weiche Formen geschnitten, um die schlichte und freundliche Stimmung zu betonen. Eine Idee, die mit der Bepflanzung der Töpfe am Eingang aufgegriffen wird.

Oben: Ein Beispiel für die Bearbeitung von etwas bereits Vorhandenem: Dieser Tisch diente einem Bildhauer als Arbeitstisch. Die Platte besteht aus einem betonartigen Material, das ich bemalt habe. Bei der Farbgebung habe ich mich von den Unebenheiten und Gebrauchsspuren des Tisches inspirieren lassen. Die Blumen sind *Salpiglossis* (Trompetenzungen).

Unten: Die Räume sind dunkel, so daß man auch im Sommer das Bedürfnis hat, Kerzen anzuzünden. Der eiserne Kronleuchter ist mit versilberten Sternen geschmückt.

Bade- und Schlafzimmer sind ein Kapitel für sich.

Linke Seite oben: Das Schlafzimmer. Das Himmelbett habe ich aus Holz gefertigt, Kopf- und Fußende sind mit Vogelmotiven bemalt, ebenso die Füllungen der Schranktüren. Fußboden und Bettüberwurf weisen ein Schachbrettmuster auf.

Linke Seite unten: Auch der Schminktisch ist ein Einzelstück aus Mahagoni mit Intarsien aus einem alabasterähnlichen Material.

Oben links: Im Badezimmer habe ich alte Kacheln mit neuen Fliesen kombiniert. Mahagonileisten und Silberbeschläge geben dem Raum eine sehr persönliche Note.

Oben rechts: Der Mahagoni-Waschtisch ist natürlich eine Spezialanfertigung.

Rechts: Ein weiteres Detail sind die auffälligen Haken für die Kleiderbügel.

Linke Seite oben: Aus dem Pokal am Fenster quillt ein mit Schafgarbenkränzen verzierter Strauß aus verschiedenen Kräutern.

Linke Seite unten: Das Badezimmerfenster blickt auf Garten und Wald. Nicht ausgeschlossen, daß ein Vogel beim Baden Gesellschaft leistet.

Unten: Die Morgensonne kommt sehr früh an diese Stelle – ein paar Stufen unter- und außerhalb der eigentlichen Terrasse. Die mit Lauge behandelten Holzkübel schaffen zusammen mit der Holzbank eine ruhige Atmosphäre. Wenn man früh aufsteht, kann man die Nachtigall singen hören.

Ganz oben: Ein sehr schönes Beispiel für ein Arrangement mit Chrysanthemen an einem Novembertag.

Oben: Blumentisch mit *Clivia, Allium, Aeonium* und Samt-Aurikel.

Ganz oben: Beispiel für einen Papageienkäfig, eine Auftragsarbeit.

Oben: Die kühle Atmosphäre entsteht durch *Cobaea* (Glockenrebe), Kürbis und Walnüsse.

Ein Maientag im Hof in der Ny Adelgade – der Frühling in all seiner Schlichtheit. Die frisch ausgetriebene Buche und die Waldmeisterkränze sind Sinnbild für die Jahreszeit.

In dieser Mauernische in einem größeren Garten bildet die *Kolkwitzia* eine natürliche Laube. Die Stühle (Neorokoko) um den Bridgetisch sind aus Eisen, das anschließend verkupfert wurde und oxydierte.

Ein monumentales Exterieur: ein Rondell aus *Hosta* (Funkie), errichtet auf dem Fundament einer riesigen Granitsäule. Der lebende grüne Tisch ist mit *Cotula* (Fiederpolster) bepflanzt und wird von Efeustühlen flankiert.

Auf den folgenden Seiten zeige ich Einrichtungen in Privathäusern. Es sind Häuser, die ich seit Jahren kenne und in denen ich hin und wieder ältere Kreationen erneuern oder ergänzen konnte.

Oben: Die Gardine mit Schachbrettmuster, deutlich inspiriert durch die *Fritillaria* (Schachbrettblume; siehe vorhergehende Seite), sorgt für einen interessanten Ausblick.

Rechts: In der Glaskugel spiegelt sich die Umgebung.

Linke Seite: Eingangshalle und Treppe im gleichen einfachen Stil. Der Treppenaufgang und die Säulen vor der Spiegelwand wurden mit grobem Leinen bespannt und später teilweise bemalt.

Oben: Das Schlafzimmer. Eine gelungene Verbindung von Eleganz und Schlichtheit. Bis auf wenige Farbflecke ist alles natur- oder leinenfarben. Man beachte das diskrete Raffinement des Bettüberwurfs.

Manchmal verspüre ich das Bedürfnis, aus etwas Kleinem etwas Großes zu machen.
Die nur einen Quadratmeter große Gästetoilette hat zinkverkleidete Wände und einen erlesenen Mahagoni-Waschtisch mit Kupferbecken bekommen.

Diese Art von Collage macht mir großen Spaß. Eine zuvor arrangierte Gartenvase wurde fotografiert, vergrößert und dann in Felder geschnitten. Danach habe ich jedes einzelne Bild bearbeitet und in einen Glaskasten eingebaut. Es ist ein Unikat und stammt aus dem Jahr 1991.

Das Füllhorn der Frühlingsblumen, die ich alle zu meinen Lieblingen zähle. Hier in einem schlichten Arrangement, das größtenteils aus kleinen Sträußen besteht, wie sie gepflückt wurden.

Das Haus, das auf den folgenden Seiten vorgestellt wird, beherbergt eine reichhaltige Kunstsammlung, zu der ich über viele Jahre mit meinen Arbeiten beitragen durfte. Inspiriert haben mich dabei die prachtvollen Gobelins. Ich habe versucht, bei meiner Gestaltung von Tableaus die Gobelins und ihre Struktur einzubeziehen.

Oben: Eine geflochtene Eisenvase, gefüllt mit Kissenmoos und garniert mit weißen *Stephanotis*. Ähnliche Tableaus sind auf den folgenden Seiten zu sehen.

Rechts: Ein Blick ins Eßzimmer. Die Dekoration, ursprünglich für einen »Tafeltisch« aus Anlaß des 400jährigen Kronjubiläums von Christian IV. auf Schloß Rosenborg geschaffen, besteht unter anderem aus drei Elefanten, die Fruchtaufsätze tragen. Auf dem Baum zur Linken, von mir auch »Vogelwirrwarr« genannt, habe ich die aus Kupfer gearbeiteten Blätter in Vögel verwandelt. Auf Seite 69 ist er noch einmal zu sehen. Auch der Kronleuchter ist eine Spezialanfertigung für diesen Raum.

Oben: Die Rose 'Aphrodite' zusammen mit *Helleborus* (Nieswurz), *Scilla* (Blausternchen), *Myosotis* (Vergißmeinnicht) sowie Blumen und Schmetterlingen aus Metall vor einem antiken chinesischen Schrank. Rechts: Tableau mit einem der vielen Gemälde des Hauses. Kupferner Schleifenleuchter mit Moos und *Stephanotis.*

Oben: Der gute Geschmack, den der Hausherr bei Auktionen bewiesen hat, inspirierte mich zu diesen Arrangements. Die Äpfel an dem Baum sind aus Metall. Ursprünglich eine Idee von Rasmus Andersen, einem »meiner« Schmiede. Rechts: Weitere Kompositionsmöglichkeiten vor dem Gobelin.

Oben: Das Elternschlafzimmer dominiert ein Bett mit gewaltigen Ausmaßen. Ich erhielt den Auftrag, ein »Riesenbett« zu entwerfen, in dem Eltern mit zwei Kindern kuscheln, vorlesen und Märchen erzählen können. Dabei erzählt allein das Bett mit seinen Verzierungen schon viele Märchen. Die Dekoration besteht aus den Bewohnern der Arche Noah, hauptsächlich Vögeln, Bienen, Schmetterlingen und Blumen. Das Kopfende zeigt Urwaldmotive mit Affen, Elefanten und Giraffen.

Rechts: Die Weiterarbeit an den Werken anderer Künstler ist oft eine heikle Angelegenheit. Hier habe ich versucht, ein organisches Gewächs um die Skulptur zu schaffen. Ich wollte akzentuieren, ohne zu dominieren.

Schloß Gisselfeld, heute eigentlich Kloster Gisselfeld, das Märchenschloß in Südseeland, zu dekorieren war schon immer mein geheimer Traum. Ich schätze mich glücklich, daß ich ihn schon einige Male verwirklichen durfte. Doch nicht am eigentlichen Schloß habe ich gearbeitet, sondern an dem phantastischen »Paradehaus«, das 1993 den Rahmen für eine meiner Ausstellungen bildete. Das Haus war zu diesem Zeitpunkt schon recht verfallen, zeichnete sich aber immer noch durch außergewöhnlichen Charme aus. Direktion und Verwaltung des Guts hatten beschlossen, das Haus in jenem Jahr mit Unterstützung durch Sponsoren gründlich zu renovieren. Für meine Ausstellung im Jahr darauf war alles frisch restauriert und blitzend weiß und grün. Da war ich nur froh und glücklich, dort noch vor der Renovierung eine Ausstellung veranstalten zu können …
Auf den folgenden Seiten lade ich Sie ins Innere des Paradehauses ein.

Oben: An diesem von einer Harfe inspirierten Vogelbauer komme ich nicht vorbei. »Die Goldharfe«, so sein Name, wurde ursprünglich 1991 für das Musikzimmer im Millesgården in Stockholm geschaffen.

Ich wollte das Objekt anfangs selbst behalten, doch weil mein guter Freund und Kollege Daniël Ost davon so begeistert war, habe ich es ihm nach einer späteren Ausstellung überlassen.

Am liebsten lasse ich die Bilder für sich sprechen. Viele der Objekte in dieser Ausstellung sind einzigartig und jeweils in nur diesem einen Exemplar hergestellt worden.
Oben: Ein Himmelbett wie dieses würde man natürlich dem Zimmer anpassen, in dem es stehen soll.

Im Park von Gisselfeld bilden beschnittene Lorbeerbäume mit in Silbertüten steckenden Nelken ein Spalier.

Die Kugel, Symbol der Geborgenheit, besteht hier aus Muscheln auf einem Eisenskelett.
Ihr Durchmesser von 140 Zentimetern macht sie unübersehbar.

TIL PARK
OG DRIVHUSE

Im Glaspavillon auf der kleinen Halbinsel spielt zwischen zuckerhutförmigen Eiben ein ganz besonderes Märchen.

Die Einrichtung besteht aus einem Granittisch mit Stühlen, deren Rückenlehnen von Blattformen inspiriert sind. Das Tablett mit exotischen Früchten ist dem japanischen Vogel zugedacht, der den Pavillon bewohnt. Der Pavillon ist ursprünglich ein Entwurf der jütländischen Firma Classica, den weiterzuentwickeln ich mir erlaubt habe.

An Kamelien kommt man in meiner Welt schwerlich vorbei. Die Kamelienausstellung, die auf den folgenden Seiten präsentiert wird, war einige Jahre lang Tradition. Sie wurde auch in Gisselfeld gezeigt, fand aber in den letzten Jahren im Garten der Königlich-Dänischen Gartengesellschaft statt. Von dort stammen auch diese Bilder. Wenn ich von Kamelien spreche, komme ich nicht umhin, Hans Trautner zu erwähnen, den großen Sammler und Kamelienexperten. Ich schätze nicht nur sein botanisches Wissen, sondern vor allem seine Begeisterung für Kamelien.

Oben: Der Eingang zu dem etwas spartanischen Paradehaus, dem ein Portal aus Korkulme ein gewisses japanisches Flair verleiht. Die Ausstellung, von der diese Fotos stammen, fand im März 1996 statt.

Ganz oben: Eine Reihe von mehreren Vasen gleichen Typs strahlt immer Präsenz und Ruhe aus. Interessant ist hier, daß es jeweils unterschiedliche Kameliensorten sind.

Oben: Hans Trautner und Tage Andersen posieren für den Fotografen.

Die Eisenkonsolen, ursprünglich für die Ausstellung in Gisselfeld entworfen, werden seither in Serie produziert. Weil das Licht so schön hindurchfällt, wirken sie besonders leicht.

Rosenpremiere« war der Titel dieses Intermezzos im November 1996. Anlaß war die Präsentation neuer Rosensorten, die sich hervorragend hielten.

Der Titel der folgenden Ausstellung lautete »Fantasia«. Sie fand auf Schloß Hünnefeld statt, einem kleinen Anwesen in der Nähe von Bad Essen, etwa zweihundert Kilometer südlich von Hamburg. Das Schloß feierte im Jahr 1996 sein 850jähriges Jubiläum; es ist im Besitz der Familie von dem Bussche.

Mir standen der südliche Flügel und der ganze Schloßpark zur Verfügung, ein idealer Rahmen für mein »Fantasia« – die Atmosphäre vor Ort verbreitete eine phantastische Ruhe. Die Zeit schien stillzustehen. Die Turmuhr war tatsächlich stehengeblieben. Die aus dem Wallgraben aufsteigenden Nebel vervollkommneten die unwirkliche Märchenstimmung.

Ich hatte ein Team von zehn Leuten dabei, und in ebenso vielen Tagen sollte die Ausstellung eröffnet werden, alles mußte bis dahin fertig sein. Die meisten Objekte haben wir natürlich mitgebracht, sie brauchten nur noch aufgestellt zu werden. Aber einige Installationen wurden direkt vor Ort kreiert. Für den Betrachter ist es manchmal schwer zu erkennen, was zum Schloß und zum Park gehört und was Teil der Ausstellung ist.

Ein Zitrusspalier bietet Singvögeln einen Unterschlupf.

Installation für Tauben, inspiriert von den Taubentürmen früherer Zeiten, die vielfach zwölf bis 15 Meter hoch waren. Die Taubenzucht war damals ein wichtiger Erwerbszweig der Familie.

Installation in einem Eisenkorb mit Zweigen und »*Echeveria metallica*«. Alle Körbe haben ein Pendant im Wallgraben auf der anderen Seite des Schlosses.

Gewundene Weide mit gläsernen Blättern sowie *Muehlenbeckia* und *Rhodochiton*.
Im Hintergrund sind mit Erika »bepflanzte«, sieben Meter hohe Säulen zu erkennen.

Oben: Korb mit *Passiflora* (Passionsblume).
Rechts: Körbe mit *Muehlenbeckia* und eisernen Iris. Beachten Sie das Spiegelbild des auf Seite 99 erwähnten Taubenturms. Überhaupt sind die Spiegelungen der wichtigste Grund, Objekte ins Wasser zu stellen.

Im Märchen ist nichts unmöglich. Eine Brücke oder ein roter Teppich, hier aus *Lilium gloriosum.*

[illegible]

Die Faszination des Schachbrettmusters in der Natur.

Oben: »Vogelwirrwarr«.
Unten und rechts: Eine Installation für Vögel. Ein vornehmer »Hühnerhof«, umgeben von Bäumen, in denen die Vögel der Phantasie ihre Nester gebaut haben.

Oben: Blick aus dem roten Zimmer im Südflügel. Mit *Cotula* (Fiederpolster) bepflanzte Eisenpokale. Da die Pflanze sich eigentlich im Haus nicht wohl fühlt, sollte man die Pokale in regelmäßigen Abständen ins Freie stellen. Im Haus schaffen sie Parkstimmung.

Tischszene auf Schloß Hünnefeld. Tabletts mit Rosenschalen aus drei zusammengewachsenen Herzen, die von einem Dreifuß getragen werden. Ursprünglich ein Verkaufserfolg von Weihnachten 1996.

Gedeck auf einem Konsoltisch – spartanisches Raffinement.

Oben: Ein hochgeklappter Konsoltisch wird Wanddekoration. Das erfrorene Lorbeerbäumchen wurde mit Schachtelhalm und Metallblumen zum Leben erweckt. Rechts: Kombination aus Kronleuchter und Vogelbauer.

Eine Gruppe Lilienvasen aus Glas, versilbertem Messing und Eisen. Die Lilien wurden mit Magnolien und Quittenzweigen kombiniert. Ein weiteres Arrangement aus mehreren Vasen mit den gleichen Blumen.

Das Turmzimmer bekam eine ganz eigene Atmosphäre durch tote Materialien, die, wie man sieht, durchaus lebendig wirken können.

Links: Das italienische Zimmer. Hier habe ich mich von dem Fresko über dem Kamin inspirieren lassen und die darauf abgebildeten Bäume als eine Art Allee in den Raum fortgeführt.

Oben: Japanischer Pavillon. Ein »Vogelhaus« für eine frei fliegende Nachtigall, geflochten aus Birkenreisig und *Muehlenbeckia*-Ranken, Teil der Dekoration im Gartenzimmer.

Oben: Quitten standen schon immer hoch in meiner Gunst, hier im »Hexenkessel« mit Schachtelhalm und Zapfenschuppen.

Rechte Seite oben: Etwas, das man nicht erreichen kann, weil es hinter Glas oder Gittern ist, weckt immer besonderes Interesse. Hier ein Gitter für eine Tischdekoration.

Rechte Seite unten: Im gelben Zimmer steht eine Voliere für Wachteln. Ich bin der Auffassung, daß eine Installation für Vögel nicht einfach ein Käfig sein darf, sondern möglichst eine Dekoration oder ein Kunstwerk sein sollte, das erst durch seine Bewohner vervollständigt wird. Die Installation hat eine Decke aus Stoff, weil Wachteln dazu neigen aufzufliegen, wenn sie aufgeregt sind.

Oben: Von der Galeriebank, die hier ins Freie gebracht wurde, existieren nur zwei Exemplare.
Es gibt Kissen für den Sommer und solche für den Winter.
Rechts: Der »Fantasia«-Turm, benannt nach der gleichnamigen Ausstellung, hat nun in einem Vorort
von Zürich einen würdigen und endgültigen Platz mit Seeblick bekommen.

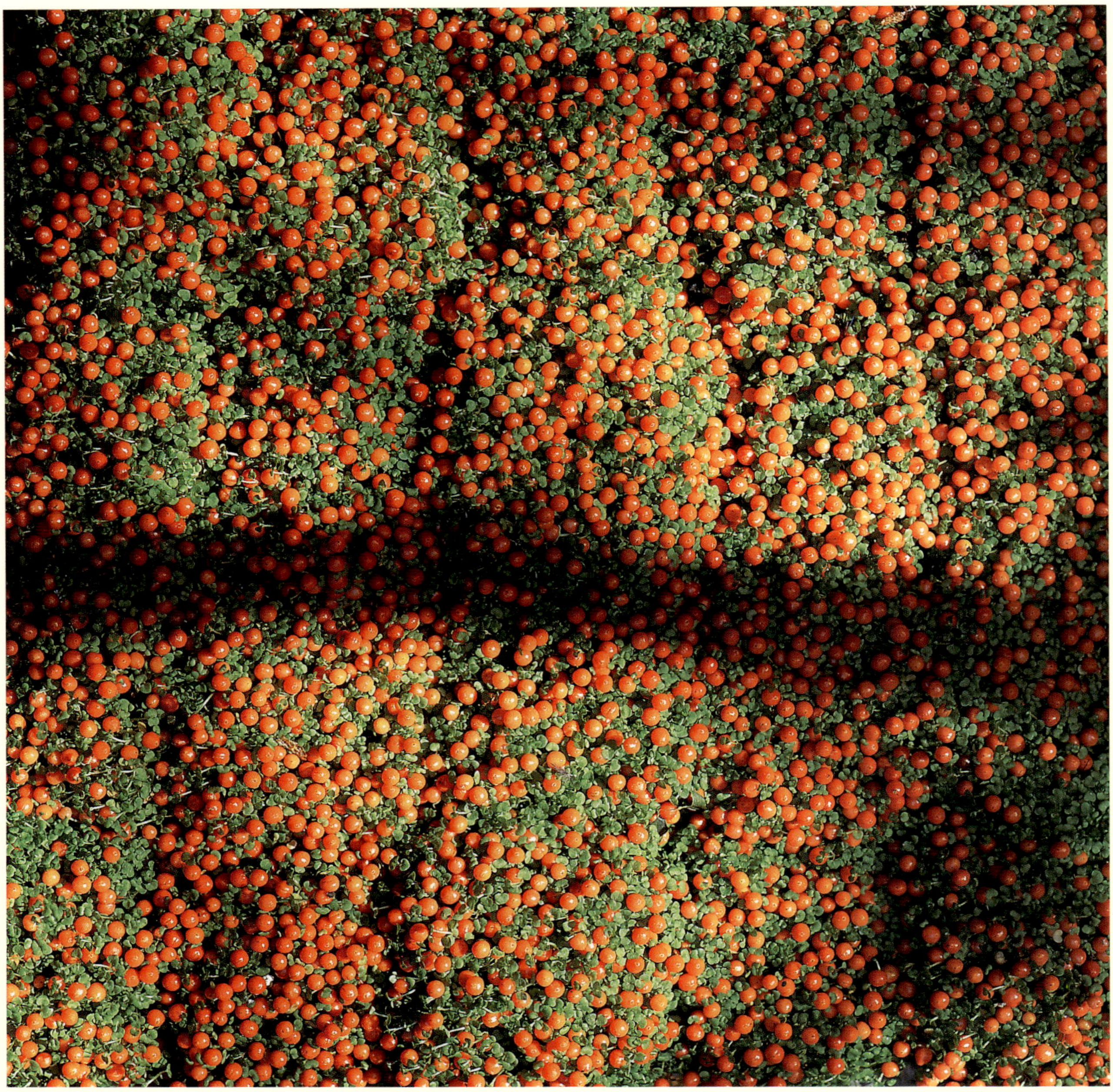

Oben: Diese Arbeit wurde im Auftrag der Danske Gartnere (Dänische Gärtnervereinigung) ausgeführt und galt der Präsentation neuer Pflanzen und Pflanzmethoden im Park von Schloß Ledreborg bei Kopenhagen. Meine Arbeit war Teil einer größeren Ausstellung.

Unten: Ihre Königliche Hoheit, Prinzessin Alexandra, zeigte großes Interesse an meinen ausgefallenen Arbeiten, zum Beispiel der auf der rechten Seite abgebildeten Skulptur: ein geflochtener Eisenpokal mit *Plectranthus*. Derartige Objekte verschaffen sich größeren Respekt, wenn sie ein gewisses Ausmaß besitzen.

Eine weitere Pflanzenneuheit: *Pratia pedunculata* 'Blue Star', skulptural präsentiert in einem Eisenkorb mit einer Zweigkonstruktion. Einfach, aber aufsehenerregend.

Unser Haus in der Ny Adelgade. Einer meiner Klassiker, Judaspfennigbäume, hier in geflochtenen Eisenkörben.

Ein deutlicher Beweis für das Talent des Fotografen: ein kleines Detail und seine große Wirkung.
Die Gardine besteht aus einem Metallgewebe mit in Quadratform aufgenähten Magnolienzweigen.

Licht, Wasser und Wesen« war der Titel *des* Sommerereignisses 1997 im schwedischen Vänersborg. Es ist inzwischen Tradition, daß wir wenigstens einmal im Jahr mit einer großen Ausstellung verreisen. Kleinere Städte in der Provinz haben mich nie schrecken können, im Gegenteil, sie ziehen mich eher an.

Die Leute in Vänersborg, die dort gern eine Ausstellung stattfinden lassen wollten, ließen nicht locker. Immer wieder kamen Einladungen, bis ich schließlich hinfuhr, um mir die Gegebenheiten vor Ort anzusehen. Dieser Wasserturm hat mich gleich überzeugt. Von außen wirkt er banal und provinziell, ja fast ein bißchen langweilig. Aber innen bot er der Phantasie wunderbar Raum. Ich nahm die Einladung nach Vänersborg also an und beschloß schon am ersten Tag, die Ausstellung unter das Motto »Licht und Wasser« zu stellen.

Das Licht im Turm, der auch innen an manchen Stellen die volle Höhe von 44 Metern hat, ist phantastisch. Dennoch überlegte ich, wie wir zusätzliche Lichtquellen würden installieren können. Das Thema Wasser ergab sich bei diesem Objekt von selbst. Das Äußere des Turms schmückte ich mit acht Schwanenhälsen, die in 18 Meter Höhe aus dem Turm herauszuwachsen schienen. Von dort sprudelte das Wasser in speziell hergestellte Becken herab. Ganz oben bildeten acht Efeukronen aus Kupfer einen Kranz um den Turm.

Im Erdgeschoß des Turms befindet sich ein großer Raum mit vielen Nischen. Im ersten Stock standen mir 16 kleine Räume zur Verfügung, die miteinander verbunden waren. Diese Ausstellung geriet zu einem außergewöhnlichen Ereignis und war ein großer Erfolg.

Das Bild oben zeigt eine Kombination aus Kronleuchter und Vogelnest aus rustikalen Zweigen. Mit Blättern umwickelte Spots heben die drei Eier aus Kupferblättern in der Mitte des Leuchters hervor.

1882

»Lichtfang« nenne ich diese Neuschöpfung. Ein Eisengeflecht mit aufgesteckten Glaselementen fängt das Licht im Raum ein.

Blick in eine Nische. Dieses Bild gibt einen ausgezeichneten Eindruck von meiner Arbeit mit Licht.
Ich mag rohe, nackte Räume sehr gerne, weil sie viele Variationsmöglichkeiten bieten.
Die geflochtenen Eisenkörbe mit Efeublättern wurden speziell für diese Ausstellung geschaffen.

Der Vogelbauer ist Produkt meiner ersten Zusammenarbeit mit Morten Simonsen,
dem besten Weidenflechter Kopenhagens.

Kolonie für Webervögel.

Die folgenden Seiten zeigen, wie Schleifen gearbeitet werden und was man mit ihnen machen kann. Schleifen spielen in meiner Arbeit besonders zur Weihnachtszeit eine große Rolle, aber bis vor wenigen Jahren bestanden sie immer aus Seide. Die Idee, sie aus Metall zu fertigen, stammt von Rasmus Andersen. Rasmus ist Schmied, und eines Tages überraschte er mich mit einer Eisenschleife. Die Idee hat gezündet, und wir haben sie gemeinsam weiterentwickelt.

Oben: Rasmus in seiner Werkstatt.

Rechts: Der Schleifenkronleuchter ist zerlegbar und kann in einer Hutschachtel transportiert werden. Der Schein trügt: Die oberste Schleife an der Wand hängt zehn Meter hoch und ist einen Meter breit.

Oben: Die auf Seite 136 erwähnte Weiterentwicklung der Eisenschleife, hier Modelle aus Messing. Die Schleife aus Metall ist mittlerweile ein Klassiker und hat in unserem Haus ihren festen Platz.

Rechts: Hier ließen wir unserer Phantasie freien Lauf: eine etwa dreieinhalb Meter hohe Kombination aus Vogelbauer und Kronleuchter. Die Idee ist möglicherweise von einer Hochzeitstorte inspiriert.

Der Kontrast zwischen dem rohverputzten Raum und der edlen Dekoration entspricht ganz meinem Geschmack. Hier sind es kleine Eisenkörbe, jeder individuell mit Sträußen aus trockenen und konservierten Materialien gefüllt. In jedem Korb

steckt eine Glas- oder Metalltrompete, so daß man nach Belieben auch eine frische Blume in die Vase stellen kann.

Bukett aus Phantasie-Metallblumen.

Installation mit Schmetterlingen, ebenfalls aus Metall.

Der Kirchenraum: Die Dekoration ist als Altarschmuck für eine Kirche gedacht. Die Installation besteht aus sieben Elementen und ist in meiner Vorstellung der siebenarmige Leuchter. Ihr Titel: »Der gesegnete Tag«. Das eigentliche Altarbild sehe ich am liebsten im Gegenlicht.

Man kann das Altarbild deuten, wie man will, vielleicht als Christus in Gestalt des Granatapfelbaums? Die Apostel haben Flügel und fliegen wie Vögel umher. Bearbeitete und bemalte Montage hinter Glas.

Die Stühle haben Übergröße, damit wir Menschen vor Gott demütig und klein werden.

Die Form der ineinander übergehenden Räume des Wasserturms erinnert am ehesten an eine Torte, die in ungleiche Stücke geschnitten wurde.
Jeder Raum hat eine eigene Stimmung und eine individuelle Beleuchtung.
Links: Die geflochtenen Eisenvasen haben neues Leben erhalten und bestätigen erneut meine Auffassung: Mehrere Exemplare der gleichen Art verströmen Kraft.
Oben: Eine Variante des bereits erwähnten Lichtfangs, hier facettengeschliffene Prismen auf einem geflochtenen Goldnetz.

Terrakottatopf, bepflanzt mit verschiedenen Arten von *Allium* und hier ergänzt durch Nelkenwurz und Lotuskapseln.

Vasenkorb mit Garteniris. Die flankierenden Stühle sind meine neueste Erfindung, sie sind aus Möbelplatten geschnitten und für den Konsoltisch gedacht.

Vase, bei der Meerrettichblätter auf ein Gestell aus Weidengeflecht genäht wurden.
Hier in herbstlichem Gewand mit Rosen, *Limonium* (Meerlavendel), Farnen und Moos.

Die Winterversion. Silber und Gold mit Samenkapseln und getrockneten Rosen.
In die Konstruktion sind Metallröhrchen eingebaut, damit frische Blumen
hinzugefügt werden können.

Stilleben im Hof in der Ny Adelgade. Hier haben mich die Formen in ihrer rustikalen Kombination fasziniert, besonders die gerade aufgeblühte *Amorphophallus*.

— Möchte kann man Dinge [illegible]
sommer 1997.

Ein märchenhaftes Gut mit gezackten Giebeln, in der südfünischen Landschaft gelegen – ein Herrensitz, wie ihn die damaligen wohlbestallten Landleute von den besten Baumeistern der Gegend bauen ließen. Ein Bauwerk, das die Anforderungen an das tägliche Wirtschaften auf dem Gut mit dem Wunsch seiner Besitzer nach Repräsentation vereint. Das Gut stammt aus dem Jahr 1850, und obwohl das 20. Jahrhundert in mancherlei Hinsicht darin Einzug gehalten hat, verspürt man noch deutlich den tiefverwurzelten Respekt vor den alten Tugenden.

Das Haus weist im Erdgeschoß eine Reihe größerer heller und freundlicher Räume auf, die heute wie damals den Rahmen für die Arbeit und das Leben auf dem Gut bilden. Im ersten Stock liegen mehrere einladende Zimmer, jedes mit einer individuellen Atmosphäre. Im Untergeschoß befinden sich die Küche, die Jagdstube und der Weinkeller – Räume, die dem heutigen Alltag auf dem Gut angepaßt sind.

Bei meinem ersten – informellen – Besuch fanden im größten Teil des Hauses Renovierungsarbeiten statt. Der neue Besitzer bat mich um ein paar Ratschläge, und daraus wurde ein umfangreiches Projekt.

Das Eßzimmer, so wie es links zu sehen ist, war damals noch nicht geplant – das wurde dann meine Aufgabe. Der Auftraggeber wünschte sich ein Eßzimmer für 32 Personen. Jedes einzelne Stück wurde speziell für diesen Raum angefertigt. Der Tisch ist mit einer Länge von 7,50 und einer Breite von 1,30 Metern das wichtigste und mächtigste Möbelstück. Das Holz der Tischplatte wurde gebeizt und mit mehreren Lackschichten behandelt, was ihr ein besonders edles Aussehen verlieh. Auf diese Weise hat sie die Tiefenwirkung eines Waldsees. Sie bekam eine Umrandung aus Blattgold, die ihre Form hervorhebt. Das Untergestell ist aus mit Blattsilber veredeltem Eisen. Die Mittelteile können herausgenommen werden, sie dienen normalerweise in einer Nische als Dekoration oder als Anrichte. Mein eiserner »Empirestuhl« (1987) mit Leinenpolstern vervollständigt das Arrangement. Vier der Stühle werden im allgemeinen zur Dekoration benutzt, sie stehen dann mit dem Rücken zum Fenster, damit das Licht in dem prismenförmigen Amethyst an der Spitze funkeln kann.

Mit dem Kronleuchter habe ich versucht, sowohl dem jagdinteressierten Hausherrn als auch der blumeninteressierten Hausherrin gerecht zu werden. Die Blumen sind präparierte Strauchpäonien (-pfingstrosen); Spots täuschen Glockenblumen vor und werfen sternartige Schatten.

Oben: Eines der Wohnzimmer des Hauses. Hier war Saalatmosphäre angestrebt. Besonderes Gewicht habe ich auf die Vorhänge gelegt, sie sind aus seidengefüttertem Leinen. Dazu habe ich handgemalte Motive ausgeschnitten und sie mit einfarbigen Leinenstücken kombiniert.

Unten: Behälter für Visitenkarten aus Feuerschwämmen, die von Bäumen gesammelt wurden.

Rechts: Der rötliche Schimmer im Blau der französischen Anemonen erzeugt eine reizvolle farbliche Spannung. Das Ei auf dem Tisch besteht aus gehämmerten Kupferblättern. Der Staffeleispiegel ruft durch seine Schrägstellung interessante Effekte hervor.

Oben: Der Kronleuchter besteht teils aus Fundstücken, teils aus speziell angefertigten Elementen. Die Blumen haben wir nach dem Trocknen mit Wachs behandelt und in mehreren Arbeitsgängen lackiert, um eine beinahe porzellanartige Wirkung zu erreichen.

Unten: Blick aus dem Eßzimmer ins Wohnzimmer. Die Sandsteinaufsätze waren ursprünglich für den Garten angeschafft worden. Man erreicht oft große Effekte, wenn man Dinge, die für den Gebrauch im Freien gedacht sind, im Haus verwendet. Diesen Trick wende ich häufig an.

Der gelbe Salon war anfangs das Sorgenkind des Hauses. Das hat sich nun geändert. Als ich das Zimmer zum ersten Mal sah, enthielt es nicht mehr als zwei nagelneue Sofas und einen geblümten Vorhang. Hier konnte ich meinen Hang zum Mischen von Stilen ausleben.

Die Ampel in der eleganten Deckenrosette war einmal eine Gaslaterne aus der Kopenhagener Innenstadt. Der Tisch besteht aus silberbeschlagenem Eisen. Einer meiner neueren »Neorokoko«-Stühle aus verkupfertem Eisen, das später oxydiert, steht mit dem Rücken zum Betrachter.

Die Reliefs an der Wand – Darstellungen von Tag und Nacht – sind von Bertel Thorvaldsen. Ich habe mir erlaubt, sie während des Restaurierens zu patinieren. Der »Wirrwarr« besteht aus Lilienblättern und getrockneten Rosen.

Details sind auf den folgenden Seiten deutlicher zu sehen. Das gilt auch für das Arrangement mit Kallas in Lilienvasen. Diese Lilienvasen oder Glastrompeten sind in Zusammenarbeit mit dem Glaskünstler Darryle Hinz entstanden, und zwar für die Ausstellung »Märchen und Wahnsinn« im Jahr 1992.

Die Eingangshalle des Hauses ist ein heller, freundlicher Raum, in dem eine meiner früheren Arbeiten – der Silbertisch mit den Granatäpfeln (Millesgården 1991) – einen Ehrenplatz bekommen hat. Großes Gewicht habe ich wieder auf die Vorhänge gelegt: bedrucktes und bemaltes, mit Seide abgefüttertes Leinen. Die Hutablage, der

Schirmständer und die Lichtampel wurden
speziell für diesen Raum angefertigt.
Ein wahres Geschenk war der bereits vorhandene Marmorboden.

In den einfachen Räumen des Untergeschosses kam das Licht, das durch die kleinen Fenster fällt, unseren Plänen sehr entgegen. Hier legten wir den Akzent auf den eigens angefertigten Einbauschrank.

Blicke gegen das Licht haben mich schon immer angezogen, hier ein Arrangement um einen Glasschaukasten. Die Bäume im Garten harmonieren wunderbar mit der Fensterdekoration.

Der letzte Flor des Spätsommers im Oktoberlicht. *Buddleja* (Schmetterlingsstrauch) und *Salvia* (Salbei).

»Lieder ohne Worte« – Dezember 1997.

Ein herzliches Dankeschön an alle,
die am Zustandekommen dieses Buchs beteiligt waren.
Zunächst mein Dank an Bent Rej für seine Toleranz und die gute Zusammenarbeit beim Aufnehmen der Bilder für dieses Buch. Dank auch an die anderen Fotografen, die beteiligt waren.
Mogens Saugmann danke ich für seine inspirierende Beratung.
Dank an Jøk Volkmann und Finn Bygballe für die redaktionelle Unterstützung.
Dank an Mogens Andersen, der in jeder Beziehung Unterstützung bot. Dank an meine Mitarbeiter, die mir bei diesem Projekt eine große Hilfe waren.
Dank an Daniël Ost für das Vorwort. Und last, not least Dank an meine Kunden, die bereitwillig ihre Häuser für die Fotoaufnahmen zur Verfügung gestellt haben.

Dieses Buch wurde zum ersten Mal am 26. März 1998 in unserem Haus in der Ny Adelgade vorgestellt.